Faire une pelouse

Luc Joseph Doogue

Writat

Cette édition parue en 2023

ISBN : 9789359258508

Publié par
Writat
email : info@writat.com

Contenu

LA PETITE PELOUSE, ANCIENNE ET NOUVELLE

Aux milliers de chercheurs anxieux qui cherchent une solution aux difficultés de la pelouse, il serait plus que ravissant de dire qu'une belle pelouse peut être obtenue en désirant très fort, mais l'honnêteté nous oblige à remplacer les mots « désireux dur » par « travail acharné ». " afin de rester strictement dans la vérité. Une pelouse bien faite est le témoignage d'un arnaqueur, que la surface soit petite ou grande.

La majorité des demandes concernant les besoins en pelouse proviennent de personnes disposant de petits espaces, de quelques centaines à quelques milliers de pieds, et les symptômes décrits peuvent être divisés en deux classes : l'une lorsqu'ils souhaitent faire pousser de l'herbe là où elle n'a jamais poussé auparavant, et l'autre où l'on demande des informations pour aider à restaurer les vieilles pelouses qui ont disparu. Reprenons d'abord la dernière condition.

Là où l'herbe a poussé pendant quelques années , c'est une preuve concluante qu'il doit y avoir un sol en dessous qui, peut-être à cause de la négligence, a cessé de fournir la nourriture nécessaire pour maintenir la vigueur du gazon qui y pousse. En conséquence, les mauvaises herbes s'infiltrent progressivement et finissent par évincer chaque brin d'herbe.

Il est facile de remédier à une situation comme celle-ci et d'obtenir une amélioration en peu de temps et à très peu de frais.

Commencez par procéder à un désherbage général et faites-le aussi soigneusement que possible. Retirez-les avec un couteau puissant en entaillant profondément le sol. Un couteau à asperges est le meilleur outil à cet effet.

Si l'on devait bêcher l'endroit à traiter, ce désherbage au couteau ne serait pas nécessaire, mais il s'agit ici de remuer le moins possible le sol.

Une fois les mauvaises herbes éliminées, parcourez toute la place avec un râteau bien aiguisé et grattez la terre jusqu'à une profondeur d'un demi-pouce. Ce faisant, n'oubliez pas de ne pas être trop sévère sur les endroits où il y a de l'herbe qui pousse, en appliquant légèrement le râteau ici. Après le ratissage, semez les graines de gazon de manière épaisse et uniforme, ratissez-les et terminez par arroser et rouler. Assurez-vous de rouler lourdement, d'arroser régulièrement et de bons résultats viendront sûrement.

En bref, c'est la manière la plus pratique de traiter les affections décrites.

Si toutefois vous constatez que le sol présente des taches de mousse et d'oseille, le traitement qui vient d'être suggéré ne s'appliquera pas. La terre est probablement acide et devrait être labourée, chaulée et laissée à l'état brut tout l'hiver. Utilisez environ un boisseau et demi de chaux éteinte à l'air pour mille pieds carrés.

Lorsqu'il s'agit de faire une pelouse là où il n'y en a jamais eu, la charrue ou la bêche sont l'arme la plus efficace.

Il faut garder à l'esprit que l'herbe d'une pelouse est une excellente source d'alimentation et qu'aucun sol ne peut être rendu trop riche pour répondre à ses besoins alimentaires. Une pelouse est une plantation permanente, et non quelque chose qui ne dure qu'une saison.

Voici un système intéressant et ingénieux permettant de tracer un chemin sur la pelouse sans augmenter le travail de tonte. Les tremplins sont posés au ras du sol

Commencez ce travail de préparation d'une nouvelle pelouse à l'automne. Bêchez la terre jusqu'à une profondeur de deux pieds, ou, mieux encore, passez-y une charrue, si la taille de l'endroit le justifie. Travaillez avec beaucoup de fumier bien décomposé, et pendant l'hiver, le gel et la neige amélioreront considérablement les conditions, tuant les mauvaises herbes et adoucissant le sol comme rien d'autre ne peut le faire.

Au printemps, hersez et hersez la parcelle, aplanissez la surface, ratissez finement et semez vos graines. Toutefois, si le sol est graveleux, il ne sert à rien d'essayer de le traiter dans l'espoir d'obtenir de bons résultats.

Comme on l'a dit, il faut un bon terreau pour faire pousser de l'herbe, de sorte que si ce n'est pas bon, il faut creuser ce qui s'y trouve jusqu'à une profondeur de deux pieds et le remplacer par un sol approprié.

Il n'y a pas de raccourci pour obtenir des résultats avec l'aide des engrais, car tous les produits chimiques présents dans la terre ne représenteront que peu si les conditions du sol ne sont pas appropriées pour les recevoir.

Il s'agit simplement de fournir le matériel nécessaire pour obtenir des résultats.

UNE NOUVELLE FAÇON DE RÉNOVER UNE PETITE PELOUSE

Dans un petit endroit où la nécessité d'un traitement radical est évidente, mais où il n'est pas conseillé de bouleverser les lieux à ce moment-là, des résultats peuvent être obtenus de manière efficace.

Prenez un bâton rond d'environ un pouce de diamètre et trois pieds de long et affûtez-en une extrémité. À intervalles fréquents sur le terrain, enfoncez le bâton jusqu'à une profondeur d'environ deux pieds. Faites beaucoup de trous de ce genre, et dans ces béliers, mettez un mélange de fumier finement pulvérisé, de cendre de bois dur et de farine d'os. Couvrez les trous avec de la terreau, et sur le dessus de chacun, mettez un morceau de gazon et abattez-le avec le dos d'une bêche.

Dans peu de temps , les bons effets de ce traitement se manifesteront et, au cours de la saison suivante, le traitement pourra être étendu aux parties non touchées auparavant. Cela signifie pratiquement que la terre sera aussi complètement rénovée que si elle avait été labourée et hersée. Il ne s'agit pas là d'une idée fantaisiste, car l'opération justifie les résultats chaque fois qu'elle est tentée. Il est conseillé d'arroser généreusement et régulièrement pendant un certain temps.

Bien entendu, cela s'applique particulièrement aux très petites zones, et il n'y aura aucun gain à traiter de grandes surfaces de cette manière.

Les arbustes et les arbres bénéficient grandement de cette méthode d'administration de nourriture, et là où les vieilles plantes poussent depuis longtemps et semblent rabougries, cette alimentation les stimulera à une croissance immédiate.

LE TRAITEMENT DE GRANDES SURFACES

S'il est très simple d'aménager une petite parcelle de gazon, de la rénover en ce qui concerne le sol et tout ce qui est nécessaire pour poser les bases d'une pelouse réussie, cela devient une autre affaire lorsqu'il s'agit de grandes superficies. Ici, il faut du goût, de l'expérience et une connaissance des conditions du moment pour pouvoir sortir avec succès du problème dans tout ce qu'il contient. Si nous n'avons pas l'expérience nécessaire, il ne serait pas prudent de nous lancer dans le travail sans l'avis d'un expert.

Développer une vaste zone signifie créer une image qui, année après année, doit être sous nos yeux, et à moins qu'il n'y ait une relation la plus harmonieuse de tous les accessoires - arbres, contours, panoramas, routes, etc. Il viendra certainement une période de monotonie lassante, causée par la prise de conscience du fait que nous n'avions pas été tout à fait égaux, par manque d'expérience, à développer le lieu comme il aurait pu l'être.

Un morceau de terrain brut doit d'abord être façonné en drainant, en enlevant des arbres ou des pierres, en planifiant des routes, etc., avant de pouvoir tenter le processus de lissage, et c'est dans ce processus d'ébauche que l'image future du paysage est soit fabriqués ou détruits.

C'est ici que le paysagiste professionnel peut vous faire économiser beaucoup d'argent et bien des déceptions. J'ai vu tant de tristes résultats dans des cas d'aménagement du territoire où trop de confiance a été la pierre d'achoppement sur la voie du succès, que je me sens en droit d'insister sur la nécessité de demander conseil à ceux qui sont compétents pour le donner.

SAUVER LES ARBRES

Il convient d'accorder une grande attention à la question de la sauvegarde des arbres, qu'ils soient grands ou petits. Les petits arbres peuvent être manipulés comme autant de marchandises et déplacés avec succès d'un endroit à l'autre. Il est préférable de les déplacer en hiver. Creusez autour d'eux pour qu'il y ait une boule de terre assez grosse pour rester intacte ; il suffit alors de laisser cette boule geler durement avant de l'incliner sur un traîneau de pierre, la déplaçant ainsi que ses semblables vers les positions qui profiteront le plus au paysage.

Les grands arbres peuvent être déplacés, mais à un coût considérable, et ce travail doit être confié à des professionnels. Ils disposent des installations et, par expérience, des connaissances et des compétences nécessaires, ce qui signifie beaucoup pour le succès. Certaines entreprises offrent même une caution pour garantir leur travail.

Les arbres autour desquels le niveau doit être élevé doivent être protégés, de manière que le sol ne s'approche pas à une certaine distance du tronc. Un gros tas de pierres autour de l'arbre, ou un cercle de tuyaux d'évacuation autour de celui-ci, donnera la protection nécessaire. Les arbres jouent un rôle si vital dans l'ornementation d'un terrain, qu'il soit grand ou petit, qu'aucun de ceux qui sont nécessaires ne devrait être sacrifié jusqu'à ce que tous les efforts pour le sauver aient échoué.

TERRAIN DRAINANT

Lorsque le sol est détrempé et retient trop d'humidité, il faut remédier à cette condition avant d'essayer d'en faire une pelouse. Le remède est trouvé par le drainage, et cela se fait en creusant des fossés ou en posant des tuiles sous le sol à des distances variables, le tout tendant vers la partie la plus basse du terrain, vers laquelle l'eau doit être amenée à couler. Le nombre de drains doit être déterminé par les conditions existantes.

Les terres qui ne pouvaient pas être utilisées auparavant, une fois qu'un système de drainage aura été installé, bénéficieront d'un tel bénéfice que presque tout pourra y être cultivé. Les pelouses créées sur de telles terres sont toujours luxuriantes et résistent aux effets de la sécheresse, même de longue durée, en puisant dans les réserves d'eau qui s'étendent profondément sous la surface.

SEMENCES DE GAZON

Tant de choses ont été écrites sur l'aménagement des pelouses que pratiquement toute personne intéressée par ce travail est pleinement compétente, du moins en théorie, pour mener à bien le processus de rénovation et de préparation du terrain, qu'il s'agisse d'une petite pelouse ou d'une zone composée de d'acres. Le sujet a été traité de manière exhaustive, mais, curieusement, le sujet tout aussi important des semences de graminées a été plutôt négligé. Alors que de nombreux amateurs peuvent parler librement de la préparation du terrain, ils ne sont pas aussi confiants lors du traitement des semences de gazon. Il semble étrange que ce soit le cas alors que la réussite d'une pelouse dépend tant de l'adéquation des semences de gazon au sol. La seule raison, autant que je sache, pour laquelle les gens ne sont pas versés dans ce domaine, c'est qu'ils ont été effrayés par les noms botaniques des graminées, qui semblent tout à fait inappropriés et trop difficiles à prononcer pour des choses aussi banales. Il y a cependant autant d'individualité dans une plante produite à partir d'une graine de graminée que dans la meilleure plante cultivée en serre. Un type de graine de gazon produira une plante à croissance basse tandis qu'une autre poussera en hauteur ; l'un veut une situation humide, l'autre une situation sèche ; certains germeront à l'ombre, d'autres non, et ainsi de suite tout au long de la liste. Si une personne connaît chaque espèce, ses possibilités et ses exigences, elle sera capable de choisir l'herbe la mieux adaptée à ses besoins et, par des essais minutieux, d'arranger les mélanges avec plus de succès que l'homme du commerce de gros qui est obligé de deviner quelle est l'herbe. est ce qu'il y a de mieux pour ses besoins. Commencez donc par la classe d'introduction et dressez un tableau de certaines des meilleures graminées utilisées pour les pelouses, et étiquetez-les avec leurs noms, botaniques et communs.

Pour les berges en pente et les terrasses, un mélange de Kentucky Blue, Rhode Island Bent, Creeping Bent, Sheep Fescue et White Clover, dans les proportions données, répondra probablement.

Pâturin du Kentucky- *Poa pratensis* . Très bien pour les pelouses ; pousse lentement mais vigoureusement presque partout sauf sur un sol acide.

Haut rouge— *Agrostis vulgaris* . Affiche les résultats plus rapidement que Blue Grass ; prospérera sur un sol sablonneux; bien en combinaison avec Blue Grass.

Ray-grass anglais— *Lolium perenne* . Pousse rapidement et montre des résultats presque immédiats ; bon à combiner avec le Blue Grass à croissance lente.

Fétuque à feuilles diverses— *Festuca hétérophylla* . Bon pour les endroits ombragés et humides.

Rhode Island courbé— *Agrostis canina* . A une habitude rampante ; bon pour les putting-greens et les sols sableux.

Courbé rampant— *Agrostis stolonifera* . Habitude rampante ; bon pour les endroits sablonneux et pour lier les berges ou les endroits en pente. Combiné avec Rhode Island Bent pour les putting-greens.

Queue de chien à crête— *Cynosurus cristatus* . Forme une pelouse basse et compacte ; bon pour les pentes et les endroits ombragés.

Herbe des prés des bois- *Poa nemoralis* . Bon pour les endroits ombragés ; est très rustique.

Fétuque rouge— *Festuca rubra* . Se développe sur les sols pauvres et les berges graveleuses.

Trèfle blanc- *Trifolium repens* . Bon pour les pistes ; à déconseiller pour une pelouse.

Fétuque ovine— *Festuca ovina* . Bon pour les sols légers et secs.

Désormais, avec une bibliothèque de référence, vous aurez suffisamment de connaissances sur les types de graines dans lesquelles puiser pour créer des combinaisons qui conviendront à toutes les situations. Je vous suggère en outre de vous rendre chez un grossiste, de récupérer un échantillon de chacune de ces graines et de les examiner. Obtenez juste un peu de chacun dans une enveloppe. Faites un examen comparatif des graines en en tenant un peu dans le creux de la main. En regardant chaque graine, répétez son nom plusieurs fois et rappelez-vous ses caractéristiques, et vous serez surpris de constater qu'au deuxième ou troisième essai, chaque nom se suggérera de lui-même dès que vos yeux se poseront sur la graine. Avec une connaissance des graines, vous pouvez ensuite vous rendre chez votre revendeur et lui dire ce que vous voulez, pas nécessairement ce qu'il pense que vous voulez. Vous êtes alors un meilleur juge que lui.

Cela vaut la peine de poursuivre le sujet plus loin, car les résultats seront largement récompensés. Testez les graines. Fabriquez des boîtes peu profondes, remplissez-les de terreau et semez chaque type de graines comme vous le feriez sur une pelouse. Mettez une étiquette en tête de la boîte et dessus l'heure du semis. Faites-le avec autant que vous le pouvez. Ensuite, observez et notez le temps nécessaire à la germination. Notez également le caractère des lames. Après avoir terminé cela, vous aurez une formation très libérale en matière d'herbe.

Si vous ne souhaitez pas faire ce qui est suggéré ci-dessus, vous dépendrez des autres pour obtenir ce dont vous avez le plus besoin. Si vous deviez vous adresser à une douzaine de personnes et leur demander de vous suggérer une combinaison de graines, elles vous les donneraient toutes volontiers, mais aucune proportion ne serait identique. Si vous demandez une seule herbe, la majorité suggérerait le Kentucky Blue Grass. Pour une seule herbe, il n'y a rien de mieux adapté à toutes les conditions. Il y a cependant une objection à cela : ce n'est pas une herbe d'homme nerveux. Vous ne pouvez pas le planter aujourd'hui et avoir une pelouse le mois prochain. Si vous pouvez vous permettre d'attendre, semez Kentucky Blue et votre patience sera bien récompensée. Cela fait une pelouse permanente.

Pour présenter la pelouse prête à l'emploi, utilisez une combinaison de Kentucky Blue, Red Top et English Rye. Le Blue Grass est lent, mais le Rye et le Red Top produisent des résultats plus rapides. Le premier mois verra l'espace nouvellement ensemencé un tapis de vert. Au fur et à mesure que le Rye passe, le Red Top continue de se couvrir, tandis que le Blue Grass devient chaque jour plus robuste jusqu'à ce qu'il évince tout grâce à sa propre force. Utilisez 12 livres. de pâturin bleu du Kentucky, 5 livres. de Red Top et 3 livres. de ray-grass anglais au boisseau et semez 3½ à 4 boisseaux par acre. Cela constitue une combinaison fiable. Il est courant d'entendre des gens demander de l'herbe qui poussera dans des endroits ombragés, mais il est toujours difficile de déterminer le degré d'ombre. Un endroit peut être ombragé et pourtant propice à la croissance de l'herbe, ou il peut être tellement ombragé qu'aucune herbe connue ne pourrait y faire germer. Dans les endroits où il n'y a pas de gouttes abondantes et où le sol n'est pas absolument sombre, utiliser ce qui suit :

Pâturin des prés, pâturin des prés, fétuque à feuilles diverses et queue de chien à crête. Utilisez 35 pour cent. des deux premiers et 15 pour cent. des deux derniers.

Le gazon d'un putting-green ou d'un court de tennis doit être dense et bas,
ainsi que résistant. Rhode Island Bent et Creeping Bent en combinaison
sont fréquemment utilisés sur un sol sableux pour retarder la croissance

Pour les conditions qui nécessitent une herbe à croissance rapide et quelque
chose qui se liera et tiendra sur les pentes dans des conditions difficiles, ce
qui suit est recommandé : Kentucky Blue Grass, 30 pour cent ; RI Bent, 30
pour cent.; Courbé rampant, 25 pour cent.; Fétuque ovine, 10 pour cent, et
trèfle blanc, 5 pour cent. C'est l'un des endroits où le Trèfle Blanc est un
incontournable. Dans ces conditions il remplit parfaitement sa mission.
Même si tous les types mentionnés ne prospèrent pas, il y en aura
suffisamment pour que le travail soit couronné de succès.

Le gazon d'un putting-green doit être dense et bas, et suffisamment résistant
pour résister à un usage intensif. Une combinaison de Rhode Island Bent et
Creeping Bent est à peu près la meilleure chose à cet effet. Pour vérifier,
référez-vous simplement à votre emploi du temps et voyez ce qu'il dit
concernant les qualités de ces graminées.

Le sol d'un putting-green doit être de nature sablonneuse. Cela maintient
l'herbe rabougrie par manque de nourriture et lui permet donc de mieux
remplir son objectif.

N'achetez jamais de graines de gazon au boisseau. Achetez-le au poids, ou
stipulez qu'il y aura autant de livres par boisseau. Cela vous coûtera un prix
élevé, mais cela reviendra finalement beaucoup moins cher que d'acheter
quelque chose de bon marché qui contient plus d'un tiers de déchets et un
encombrement inutile. Vous ne perdez certainement rien en achetant les
meilleures semences que votre revendeur peut vous proposer.

N'ayez pas honte de demander des échantillons avant d'acheter, mais également d'obtenir des échantillons à plusieurs endroits et de comparer les différentes graines. Étalez-les dans votre main et voyez s'ils sont propres et sans paillettes. Une graine contenant une grande proportion de poussière et de paillettes ne vaut pas la peine d'être achetée. Il convient de vous demander si vous obtenez ce pour quoi vous payez. Si vous démontrez que vous connaissez les graines appropriées, vous recevrez une audition très respectueuse de la part du commerçant. Ne rechignez pas au prix des graines re-nettoyées. Cela signifie que vous en aurez pour votre argent. Cela vaut bien plus que les graines vendues en vrac qui ne sont pas re-nettoyées.

SEMER LA GRAINE

À titre de comparaison, ce qui se rapproche le plus d'une pelouse est un parterre de plantes que vous plantez dans votre jardin chaque printemps. Lorsque vous pensez que c'est le moment de planter, vous vous dirigez vers ce lit avec une bêche ou une fourche et retournez la terre du fond profond, en y mettant beaucoup de fumier bien décomposé, soignant ainsi le sol selon ses besoins. Ensuite, vous plantez les plantes, et si les mauvaises herbes poussent, vous les déterrez, après quoi vous arrosez intelligemment. Pour ce travail, votre récompense vous revient sous la forme d'une abondance de fleurs et de feuillages.

Une pelouse est tout aussi bien un parterre de plantes nécessitant une quantité égale de traitement. L'herbe n'est rien d'autre qu'un ensemble de milliers de petites plantes serrées les unes contre les autres, qui doivent se nourrir et dont il faut extraire les mauvaises herbes. De même, le sol doit être arrosé selon ses besoins et la terre doit être adoucie pour les racines, à une bonne profondeur. Peu importe le prix que vous payez pour vos semences de gazon, leur qualité ou leur qualité ou le type d'engrais que vous utilisez, si le lit n'est pas correctement préparé au départ. Sans cette préparation fondamentale, les graminées ne pousseront pas, ou si elles le font, ne prospéreront pas.

C'est toute une astuce que de semer les graines de gazon uniformément afin qu'elles germent sans donner d'effet tacheté à la parcelle. Il faut l'épandre à raison d'environ trois boisseaux par acre, et ce semis ne peut être effectué avec succès que par une journée calme. Même un vent très léger est susceptible d'entasser vos graines sur le terrain de votre voisin ou sur vous-même dans des endroits non désirés. Gardez la graine dans un seau pendant le semis et, après en avoir pris une poignée, penchez-vous près du sol et laissez la graine se nourrir entre les doigts pendant que le bras se balance d'avant en arrière en demi-cercle. C'est beaucoup plus facile à dire qu'à faire, mais un peu d'expérience vous rendra très compétent. Pour aider encore plus, semez la graine de deux manières, l'une perpendiculairement à l'autre. Après le semis, ratissez légèrement puis terminez le travail en passant un gros rouleau dessus.

Même si les semis épais ont l'avantage de décourager la croissance des mauvaises herbes, il existe une limite qui ne peut être dépassée en toute sécurité. Les graines semées en trop grande quantité s'emmêleront et s'humidifieront, laissant de grandes taches sur la pelouse. Ne dépassez pas la quantité suggérée ci-dessus.

Les semis de printemps doivent être effectués dès que le gel est sorti du sol. Ce semis précoce donne à la jeune herbe une chance de s'établir avant l'arrivée des fortes chaleurs estivales. Un arrosage soigneux est nécessaire, avec une fine pulvérisation, et s'il est effectué régulièrement, il entraînera une germination rapide. Lors de l'arrosage, ne pas laver les graines avec un jet trop abondant.

GAZONNEMENT

COMME les semis, le gazonnage doit être effectué au début du printemps ou à l'automne pour obtenir les meilleurs résultats. Il est souvent nécessaire d'effectuer les travaux au milieu de l'été et cela, bien que déconseillé, peut être accompli avec succès si les mottes sont posées peu après leur coupe et ensuite abondamment arrosées chaque jour jusqu'à ce que tout risque de dessèchement soit écarté.

Pour assembler les mottes de gazon, utilisez un maillet en bois et pilez-les pour qu'elles soient en contact étroit avec le terreau situé en dessous, en aplatissant tous les joints afin que la croissance soit uniforme.

Le résultat inévitable du semis d'un mélange de graines de gazon prêt à l'emploi et bon marché. Cela vaut la peine d'étudier les qualités des différents éléments et de réaliser son propre mélange.

Sur les grandes surfaces ensemencées, délimitez-les avec une bordure de gazon, ce qui donne un aspect de bordure et de garniture bien défini au travail. Si vous connaissez un endroit où l'herbe pousse particulièrement fine, il serait payant d'y acheter suffisamment de gazon pour répondre à vos besoins. Le gazon, coupé et livré, coûtera environ huit cents le pied carré. Ce prix peut être quelque peu ombragé si les gazons sont achetés en gros et que la coupe et le transport sont effectués par vous-même. Dans tous les cas, les travaux seront coûteux.

Sur les berges et les terrasses, il est préférable d'utiliser du gazon plutôt que des semis. Les mottes de terre peuvent être maintenues en place avec des piquets de bois enfoncés à sept ou huit pouces dans la berge. Sur ce travail, répandez quelques graines et appliquez un léger pansement de terreau; puis écrasez le tout sur une surface plane.

Lorsque la berge est trop abrupte pour retenir les mottes de terre ainsi fixées, il faut les empiler les unes sur les autres horizontalement, de manière que leurs extrémités forment la surface de la berge. Cela a pour double objectif de créer une pelouse permanente et également une profondeur de dix pouces de terreau sur lequel il peut se nourrir.

BON LOAM ET ENGRAIS

Le LOAM est rare ; c'est-à-dire que *le bon* terreau est rare. Pour aider à combler cette carence, chacun devrait former un tas de compost et y empiler des feuilles, des râteaux de pelouse , des morceaux de gazon et toutes ces matières, qui seront tous réduits avec le temps par décomposition en l'humus tant désiré. Une petite quantité de cet humus, mélangée à un assez bon loam, en fera un bon loam, propice au maintien de la vie végétale.

À l'automne, lorsque les feuilles tombent des arbres, il est bon de ramasser dans les gouttières les feuilles accumulées et de les mettre au tas de compost. Cela peut entraîner quelques dépenses et quelques ennuis, mais il ne fait aucun doute que vous serez entièrement remboursé lorsque vous découvrirez le besoin d'un véritable terreau.

Près des villes, un terreau de qualité très inférieure coûtera au moins 2 $ le mètre cube, et si l'on possède une quantité de moisissure foliaire , préparée comme suggéré, et qu'on la mélange avec ce terreau, on peut produire une qualité très désirable. La moisissure des feuilles est la vie du sol et est absolument essentielle à des résultats satisfaisants.

TOP-DRESSING DE PRINTEMPS

Une pelouse bien faite ne souffrira pas si elle ne reçoit pas un traitement annuel, car elle aura suffisamment de nourriture dans le sol pour durer des années.

Aussi étrange que cela puisse paraître, de nombreuses belles pelouses ont été détruites par une forte application de fumier année après année. Lorsqu'un traitement de surface est nécessaire sur un bon sol, les cendres et la farine d'os de feuillus du Canada fourniront toute la nourriture nécessaire. Répartissez les cendres en couche épaisse sur la pelouse jusqu'à ce qu'elles soient blanches sur l'herbe, et effectuez le travail de préférence avant la pluie, afin que la nourriture puisse être entraînée dans le sol.

Les cendres de feuillus du Canada, que l'on trouve habituellement sur le marché, en contiennent de un à cinq pour cent. de potasse, mais pour obtenir les résultats que vous recherchez, les cendres doivent en contenir de sept à neuf pour cent. de potasse. En achetant cet engrais en grande quantité, il faut une analyse garantie, sinon vous risquez d'obtenir quelque chose d'à peine meilleur que ce que vous sortez de votre poêle et totalement inutile pour la pelouse. Il y a de bonnes cendres sur le marché et on peut les obtenir si l'on les recherche assez vigoureusement et donne une certaine indication de la connaissance de ce que sont les bonnes cendres.

Lorsqu'il n'est pas possible d'obtenir ce que vous cherchez, je recommande de mélanger du muriate de potasse avec du terreau finement tamisé et de l'épandre à la volée sur l'herbe. Ce traitement est toujours efficace, car vous êtes absolument sûr d'obtenir ce qui est nécessaire au terrain.

APPORT DE FUMIER

Beaucoup préfèrent utiliser une couche de fumier, quelles que soient les conditions. Cela apportera certainement plus ou moins de mauvaises herbes. Toutefois, si vous décidez de l'utiliser, procurez-vous une plante parfaitement décomposée, car cela signifie un minimum de mauvaises herbes. Je ne veux pas donner l'impression que je cherche à minimiser la valeur fertilisante du fumier. Je crois qu'il faut en incorporer une quantité généreuse au sol lorsque la pelouse est faite, et je crois également que sur un tel sol, les cendres et la farine d'os du Canada sont bien plus appropriées pour le maintenir en hauteur qu'un pansement de surface. de fumier.

L'un des endroits les plus difficiles pour faire une pelouse est sous les grands arbres d'ombrage. Une combinaison de bleu du Kentucky, de bois des prés, de fétuque à feuilles variées et de crépiteur à crête donne généralement de bons résultats.

Lorsque le fumier est utilisé en couverture, ne l'épaississez pas trop et ne le laissez pas trop longtemps sur l'herbe au printemps. Aucune de ces erreurs ne rapporte rien et il est probable que de nombreuses pertes en résulteront.

Il fut un temps, il y a quelques années, où il était possible d'acheter du fumier de mouton qui valait quelque chose, mais à l'heure actuelle, il est vendu sous forme de poudre et suscite de forts soupçons de falsification et de contenance bien plus que ce que l'on croit. étant payé. S'il vous est possible d'obtenir du bon fumier de mouton, utilisez-le par tous les moyens. Il est efficace, propre et produit très peu de mauvaises herbes. Il est préférable de l'utiliser à raison d'environ une tonne par acre.

Le nitrate de soude est un stimulant très vigoureux et produit des résultats rapides. Il est économique et ne nécessite que de petites quantités pour couvrir de grandes surfaces. Épandage à la volée, environ 175 livres. à l'acre; ou, dissous, 3 livres. à toutes les 100 filles. de l'eau. L'application à sec doit toujours être effectuée avant une tempête de pluie, sinon l'herbe risque de brûler beaucoup. Pour une application occasionnelle, il est acceptable de l'utiliser, mais pour un engrais annuel, il faut l'alterner avec d'autres choses.

TONDEUSE À GAZON, ROULEAU ET TUYAU

APRÈS que votre terrain ait été aménagé, que vos graines aient été semées et germées, votre problème n'est pas terminé, car c'est une période critique pendant laquelle il faut amener l'herbe tendre à un état rustique.

L'herbe jeune ne doit pas être coupée avant d'avoir atteint trois pouces de hauteur, ce qui signifie qu'une faux doit être utilisée de préférence à une tondeuse à gazon, car il est difficile de placer les lames suffisamment hautes pour permettre cette longueur. Lorsque vous coupez pour la première fois, essayez de le faire par temps nuageux, car cela évitera toute possibilité de brûlure ou de brûlure. Après quelques semaines, l'herbe aura tellement durci qu'elle bénéficiera de coupes fréquentes, même deux fois par semaine.

Le rouleau doit être utilisé après chaque coupe, et bien qu'il puisse apparemment causer des blessures en écrasant l'herbe tendre, il garantit en réalité un gazon solide et compact. En plein été, lorsqu'il fait très chaud, veillez à ne pas cultiver trop près, car les racines risquent d'être détruites par le soleil.

Lorsque vous coupez votre gazon , vous constaterez que c'est une grande économie d'avoir une sorte de bac de ramassage sur votre tondeuse à gazon. On peut en fabriquer un facilement, mais les plus pratiques sont vendus à petit prix. Ils préviennent l'usure de la pelouse résultant du ratissage intensif nécessaire lorsqu'il n'est pas utilisé.

Il existe un bon bac de ramassage qui se place à l'arrière de toutes les machines ; c'est très efficace et coûte environ cinquante centimes. Il ramasse si efficacement toute l'herbe provenant de la machine qu'un simple ratissage est ensuite nécessaire. Si vous préférez le râteau , il est préférable d'en utiliser un en bois, car les dents en fer font de gros dégâts sur un gazon épais.

Lorsque l'herbe est coupée fréquemment, les tontes peuvent être laissées sur le sol en toute sécurité, mais l'herbe épaisse doit toujours être ramassée.

LA TONDEUSE À GAZON

Il existe des centaines de marques de tondeuses à gazon sur le marché, mais parmi celles-ci, très peu résisteront à l'épreuve d'une utilisation intensive d'une saison. Ces quelques-uns se révèlent être des marques standard de bonne conception et coûtant un prix apparemment élevé. Quand vous pouvez acheter une tondeuse à gazon avec une livre de thé, vous pouvez être sûr qu'il est temps de vous méfier, quelles que soient la jolie peinture et les ornements qui en font une symphonie de couleurs. Une bonne tondeuse signifie que votre pelouse aura une belle apparence après avoir été tondue avec elle, et cela signifie également que le premier coût apparemment élevé sera tout ce que vous serez appelé à dépenser dans les années à venir. Une telle tondeuse est pratiquement indestructible.

Une à deux fois au cours de la saison, faites-lui une révision. L'herbe et les débris s'infiltreront et, à moins qu'ils ne soient retirés, l'efficacité de la machine sera considérablement réduite.

Cela ressemble au langage automobile de dire « Utilisez de la bonne huile », mais cela s'applique tout aussi fortement à une tondeuse à gazon. L'huile bon marché coûte cher à long terme, car elle s'épaissit et obstrue les roulements, ce qui empêche la tondeuse de faire son meilleur travail.

Il est surprenant de voir combien d'herbe et de saleté se retrouvent dans la tondeuse à gazon. Démontez-le une fois par saison pour le nettoyer et l'huiler.

Cela peut sembler difficile de s'attarder sur des détails aussi insignifiants, mais ce sont juste ces petites choses qui entrent dans la composition de l'obtention et de l'entretien d'une pelouse.

LE ROULEAU

En plus d'avoir de bonnes graines à semer, sur un terrain bien préparé, le plus essentiel pour faire une pelouse est un type de rouleau approprié à utiliser selon les besoins. Peu de gens réalisent à quel point un rouleau joue un rôle important dans l'entretien d' une zone gazonnée, mais il n'est pas exagéré de dire que sans un rouleau, il sera difficile, voire impossible, d'obtenir de bons résultats. Utilisez un rouleau – un rouleau lourd – sur votre pelouse au début du printemps pour réparer les dommages causés par le gel et le dégel pendant l'hiver.

Le roulage précoce nivelle la surface, tasse la terre autour des racines de l'herbe et leur permet d'extraire l'humidité des profondeurs du sol. Un rouleau doit être utilisé souvent, et non une fois par saison. Son utilisation constante signifie que vous aurez moins de mauvaises herbes, une herbe plus épaisse et mieux colorée ; les taupes défigurantes trouveront le sol trop difficile à creuser, l'humidité sera retenue plus longtemps et un état nettement meilleur sera constaté sur toute la pelouse.

L'ancien rouleau de pierre était un instrument de torture et presque totalement inadapté aux travaux de pelouse comme suggéré. Il existe aujourd'hui sur le marché des dizaines de rouleaux à roulement à billes très faciles à manipuler. Le type réglable, dans lequel se trouvent des compartiments pour contenir soit du sable, soit de l'eau pour varier le poids, est celui qu'il convient d'acheter. Avec lui, vous disposez d'un rouleau suffisamment léger pour effectuer des semis, ou assez lourd pour des travaux routiers, et les prix ne sont pas prohibitifs.

LE TUYAU D'ARROSAGE

Le tuyau est un sujet auquel on accorde très peu d'attention. Aussi paradoxal que cela puisse paraître, tous les tuyaux en caoutchouc ne sont pas des tuyaux en caoutchouc, et c'est pour cette raison que de nombreuses pelouses souffrent du manque d'eau, car le soi-disant tuyau en caoutchouc s'est avéré, au moment le plus nécessaire, être une combinaison de papier et de déchets. Un tuyau de première qualité coûtera entre vingt et trente cents le pied, un prix effrayant si l'on compare avec le prix avantageux de quatre cents le pied. Le type coûteux durera des années, et même après avoir commencé à montrer des signes d'usure, il peut être utilisé de nombreuses années plus longtemps grâce à une réparation appropriée. Le tuyau bon marché éclate une fois, et son utilité est terminée, car le premier éclat n'est qu'un préliminaire à une dissolution totale.

Lorsqu'un bon tuyau éclate, il est préférable de le réparer en le coupant entièrement et en retirant la partie endommagée, puis en joignant les extrémités avec un petit manchon en laiton qui s'insère facilement dans chacune des extrémités sectionnées et qui a des dents inversées pour éviter qu'il ne glisse. . C'est l'un des meilleurs réparateurs prêts à l'emploi du marché et il prolonge la durée de vie d'un tuyau pendant des années.

Gardez votre tuyau sur un enrouleur. Videz-le de l'eau avant de le terminer et ne le laissez jamais cuire au soleil. Ce dernier est un défaut très courant et est la cause de la détérioration de nombreux bons tuyaux.

Une autre chose apparemment triviale mais importante est de mettre en garde contre une fixation du tuyau au robinet telle qu'elle s'en éloigne à angle droit.

Pour des usages ordinaires, la taille du tuyau d'un demi-pouce est la meilleure. Il coûte moins cher en premier lieu, est plus facile à manipuler et l'usure est bien moindre que sur les plus grandes tailles.

Vous ne voyez jamais un jardinier utiliser un dispositif de pulvérisation au bout d'un tuyau. Dans son pouce et son index, qu'il déplace habilement sur le ruisseau, il possède une combinaison de pulvérisateurs capables de produire à volonté le jet le plus lourd ou la brume la plus fine. C'est à recommander, mais rares sont ceux qui se soucieront de suivre le cursus de formation nécessaire pour acquérir l'efficacité du jardinier.

MAUVAISES HERBES ET AUTRES NUISIBLES

MÊME si vous payiez mille dollars le boisseau pour vos semences de gazon, et que vous dépensiez ensuite autant plus pour la préparation de votre terrain, vous ne pourriez pas, je suis désolé de le dire, échapper aux mauvaises herbes.

La chose à faire quand on en a, c'est de s'en débarrasser, et cela ne se fait qu'en les poursuivant avec une persistance proportionnelle à l'abondance des mauvaises herbes. Le couteau est la seule véritable arme pour cela. Après avoir déterré vos mauvaises herbes, semez des graines de gazon dans l'idée de rendre l'herbe si épaisse qu'il n'y aura pas de place pour les mauvaises herbes. Les pissenlits et les plantains sont des matières simples qui peuvent être manipulées facilement, mais où l'herbe à crabe apparaît. il y a certainement du travail à faire pour en tirer le meilleur parti. C'est un destructeur de premier ordre, un véritable ravageur. C'est une plante annuelle qui se sème chaque année et meurt au premier gel, laissant de grands espaces dégarnis dans la pelouse pour montrer où elle se trouve. Même après qu'il ait été tué par le gel, son influence néfaste ne cesse pas, car il a répandu à la volée ses graines pour la récolte de l'année suivante.

Lorsque vous le trouvez, déterrez-le . Cela demande beaucoup de travail, mais c'est le seul moyen de le conquérir. Réglez les lames de la tondeuse à un niveau bas et après avoir arraché l'herbe avec un râteau, passez la machine dessus ; et cela devrait être fait au début de l'année, avant juillet. Il n'y a aucune mauvaise herbe qui puisse égaler cette nuisance.

Sur les pelouses nouvellement créées, les mauvaises herbes s'enlèvent facilement et doivent être soigneusement surveillées afin de ne pas les laisser s'étendre trop loin. Le mouron est presque aussi mauvais que le crabe, et lorsque vous trouvez la combinaison, le crabe et le mouron, la solution la plus simple est de bêcher ou de labourer l'endroit à l'automne et de le laisser exposé pour l'hiver.

Pour les variétés de mauvaises herbes à feuilles larges, il existe sur le marché une préparation de ce qu'on appelle du sable que j'ai essayée avec un très bon succès. J'en saupoudre sur les mauvaises herbes et, une heure plus tard, elles se sont ratatinées et sont devenues noires.

Bien qu'il soit sans aucun doute très efficace pour détruire la partie supérieure de la végétation, je ne peux pas dire qu'il soit du tout nuisible aux racines et qu'il puisse, peut-être même, les stimuler à reprendre une croissance la saison suivante. Cependant, mon expérience a été heureuse, car dès que les mauvaises herbes sont tombées, j'ai semé des graines de gazon, qui ont germé rapidement.

Il n'y a qu'un seul moyen sûr d'éradiquer les mauvaises herbes : les couper avec un couteau dès qu'elles apparaissent. Un retard dans l'attaque leur donnera le temps de faire venir des renforts lourds

VERS, FOURMIS ET TAUPES

Très souvent, les vers de terre deviennent très défigurants sur une parcelle d'herbe. Là où ils sont nombreux, cela indique que la terre est en mauvais état, compactée et a besoin d'humus. Une application d'eau de chaux forte en poussera beaucoup à la surface, où ils pourront être balayés ; ou un roulement lourd avec un 1 500 lb. Roller fera beaucoup pour les décourager.

Il est surprenant de constater les dégâts qu'une colonie de fourmis peut causer sur une pelouse. Il faut s'en occuper dès la première fois qu'on les remarque, car ils agissent rapidement et plus on les néglige, plus il est difficile de les éradiquer.

Il existe de nombreux remèdes recommandés, mais le meilleur réside dans l'utilisation du bisulfure de carbone. C'est très efficace, mais son utilisation est devenue si courante qu'il convient d'être prudent quant à sa manipulation. Il est très volatil et, à proximité d'une flamme, puissamment explosif et doit être manipulé avec beaucoup de précautions. Versez-le dans les allées des fourmis, puis jetez dessus une natte. Les fumées tueront rapidement toutes les fourmis. Une meilleure méthode, cependant, consiste à enfoncer un bâton dans le sol à plusieurs endroits où se trouve la colonie, et à verser le charbon dans ces trous, puis à boucher hermétiquement les trous.

Les taupes sont fréquemment trouvées sur les pelouses, mais elles ne sont pas graves car elles peuvent être facilement contrôlées en roulant fortement ou en utilisant des pièges conçus pour les attraper. En cas de suspicion de présence de taupes, il ne faut pas perdre de temps pour les traquer. Ils travaillent parfois longtemps avant que leurs ennuis destructeurs ne deviennent évidents, et il leur faudra alors beaucoup de travail pour les devancer. Gardez le rouleau lourd comme excellent préventif.